盾安控股集团简介

　　盾安创建于1987年,现已发展成为一家以制冷产业为主体,人工环境设备(中央空调)、精密制造业(制冷配件)、民用阀门、特种化工(民爆器材)、房产开发、食品加工等产业并行发展,集科、工、贸于一体的现代无区域企业集团,是中国民营企业500强、浙江省"百强企业"、浙江省首批诚信示范企业和经营管理示范单位,是中国大企业集团竞争力百强单位、中国低碳发展领军企业、全国就业与社会保障先进民营企业、中国企业社会责任优秀实践奖获奖单位。盾安控股集团总部位于杭州,主要产业涵盖先进装备制造、民爆化工、新能源、新材料、科技房产、资源能源开发、投资管理等,骨干企业遍布全国及美洲、亚洲,控股盾安环境(002011)、江南化工(002226)2家上市公司,拥有国家认定企业技术中心、国家级博士后流动工作站各1个,省级技术中心5个,企业研究院3个,高新技术企业22家。盾安冷配是中国驰名品牌,盾安商标是浙江省著名商标。

浙江宁波奉化
生态美丽家园

（走进雪窦山）

张文台 著

浙江人民出版社

作者简介

张文台，男，汉族，中共党员，研究生学历，上将军衔。1942年生于山东胶州，1958年入伍。青年时就读于洛阳第八步兵学校和解放军政治学院，中年时就读于国防大学和中央党校。曾担任过团副政委、政委，师副政委、政委，集团军副政委、政委，济南军区副政委、政委和中国人民解放军总后勤部政委等职务。中共十三大、十六大代表，第十六届中央委员。全国人大第八至十一届代表、第十届和十一届环境与资源保护委员会副主任委员。从事过军事、政治、后勤和环境资源保护等工作。

文台将军素有"军中儒将"之美誉，著书十几部、发表重要文章百余篇，多篇被主流媒体转载并被中组部、中宣部、中央党校、军事科学院等有关方面编入重要文献，在军内外产生了一定影响。

将军酷爱书法和诗词，先后三次获得全国全军书法大赛头等奖，并多次担任评委，发表过许多思想性和艺术性完美结合、有独特风格的诗词书法作品，还担任过备受关注的纪录片《毛泽东在1949》《天下为公》和《绿色大业》的顾问。现任中国书画联合会和中国毛泽东书法研究院名誉顾问。将军文化修养扎实，理论功底深厚，实践体会颇多，演讲富有哲理、贴近实际、涉猎广泛、可操作性强、风格生动幽默，经常应邀到党政军机关、干部培训学院、研究生院、大型企业、著名大学等单位演讲，很受广大官兵和干部群众的欢迎。由中央文献出版社出版的七卷本《张文台文丛》免费赠送全国100多所名牌大学和全世界200余所孔子学院，受到广泛关注和赞誉。

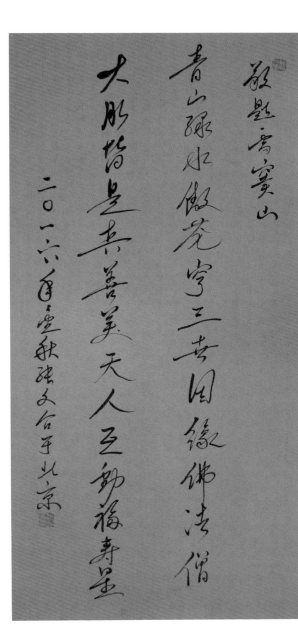

敬题·雪窦山

青山绿水皈依皆三宝因缘佛法僧

大众皆是真善美天人五动福寿呈

二〇一六年立秋张文台于北京

目录

第一部分

雪窦山位于浙江省奉化市溪口镇西北，为四明山支脉的最高峰，海拔800米，是国家级风景名胜区、国家级森林公园、国家AAAAA级旅游景区，被誉为"四明第一山"，全境85.3平方公里，标志性景点包括千丈岩、雪窦寺、三隐潭、徐凫岩、妙高台以及全球最高的铜质坐姿弥勒佛造像等。雪窦山风景秀丽，早在晋代就被著名文人孙绰誉为"海上蓬莱，陆上天台"。宋代仁宗皇帝梦游雪窦山，理宗皇帝封之为"应梦名山"，并以御书赐予雪窦寺，至今仍留在雪窦山上的御书亭内。当年苏东坡在读了《雪窦颂古集》之后，向往之情油然而生："此生初饮庐山水，他日徒参雪窦禅"，直到晚年，他还喟叹："不到雪窦为平生大恨！"

　　雪窦山是中国佛教五大名山之一的弥勒道场。中国佛教五大名山分别为供奉文殊菩萨的山西五台山、供奉观音菩萨的浙江普陀山、供奉普贤菩萨的四川峨眉山、供奉地藏菩萨的安徽九华山，供奉弥勒菩萨的浙江雪窦山。

　　五大名山随着佛教的传入，自汉代开始建寺庙，修道场，延续至清末。中华人民共和国成立后，国家对寺院进行了修葺，逐渐成为蜚声中外的宗教旅游胜地。

　　雪窦山是一座具有悠久历史和深厚文化积淀的佛教名山，位于山心的雪窦寺，创于晋、兴于唐、盛于宋，至今已有1700余年历史，宋时名列天下禅院"五山十刹"之一，明时位居

"天下禅宗十刹五院"之一，千百年来，香火旺盛，高僧辈出。

唐昭宗景福元年（892），禅宗南岳五世常通禅师，辟为禅宗丛林。五代之后，禅宗兴起，后梁布袋和尚常来寺说法，成为弥勒应迹圣地。后周太祖广顺二年（952），法眼宗第三世智觉延寿禅师入住，撰《宗镜录》。宋淳化三年（992），宋太宗赠佛经和石刻御书，赐额"雪窦资圣禅寺"。大中祥符三年（1010），真宗颁敕谕赐宝牌，不许徭役，从此扬名天下。南宋淳祐五年（1245），宋理宗颁赐"应梦名山"。宋宁宗嘉定年间（1208—1224），天下禅院"五山十刹"之一。宋时，雪窦寺高僧众多著作录入佛教巨著《大藏经》。明太祖洪武十五年（1382），列"天下禅宗十刹五院"之一。清德宗光绪三十二年（1906），皇帝赐法器、经籍，至今尤存。1926年，蒋介石题写"四明第一山"。1932年，太虚大师应蒋介石邀请，出任方丈，精研弥勒唯识学，致力于雪窦弥勒应迹道场建设，倡议雪窦山为中国佛教第五大名山。太虚大师在任雪窦寺方丈期间，积极倡导"人生佛教"，重视佛教教育，大力推行佛教革新，对中国现代佛教的发展产生了深刻影响。

解放后，政府多次拨款帮助寺院修复建筑。1968年，雪窦寺最后一次遭到惨重破坏，寺僧被遣散。1984年，政府落实宗教信仰自由政策，提出重建意见。1985年，重建工程开工。1987年，时任中国佛协会长的赵朴初先生视察雪窦寺时寄语："雪窦乃弥勒应化之地，殿内建筑应有别于他寺，独建弥勒殿。"1988年寺院对外开放。90年代持续按规划继续修寺工程。2000年起，建造太虚塔院和华林讲寺。2005年5月，露天弥勒大佛工程获国宗局批准，启动建设。2008年10月，大佛造像落成。2013年11月，雪窦山弥勒佛学院获国宗局正式批准。至此，雪窦寺的规模和盛况超过历史上任何一个时期。

雪窦山为弥勒道场，在佛教界早有公论。1922年出版的《佛学大辞典》记载：根据中国佛教的特色，按照中国的"五行"、"五方"、"五大"、"五菩萨"之说，普陀观音在南方属火（表悲属水大）、峨眉普贤在西方属金（表行属火大）、五台文殊在北方属水（表智属风大）、九华地藏在中央属土（表愿属地大）、雪窦弥勒在东方属木（表慈属空大）；雪窦山为中国五大佛教名山。太虚大师住持雪窦山的雪窦寺时，也曾倡议雪窦山为五大名山。1987年，时任全国政协副主席、中国佛教协会会长的赵朴初视察雪窦寺，称雪窦乃弥勒应化之地，雪窦山为五大名山，建议重建中的雪窦寺增加一座其他寺院所没有的弥勒宝殿，以突显五大名山、弥勒道场的特色，并题写了"雪窦资圣禅寺"寺额。

雪窦山与其他四大名山之间互动频繁。2008年11月，普陀山、雪窦山、五台山、峨眉山、九华山等中国五大佛教名山风景区管委会签订旅游合作协议，并共同签署《中国佛教文化旅游可持续发展——雪窦山宣言》，该份宣言是中国雪窦山正式与中国普遍认可的四大佛教名山结缘。2012 中国奉化弥勒文化节策划"迎请慧灯·点亮心灯"五大名山祈福心灵之旅——"五灯会元"主题活动，得到了各大名山的热烈响应，活动受到了诸多媒体和大众的广泛关注和支持。

　　正确处理好"金山银山"和"绿水青山"的关系。如果走"拼资源、拼环境"的老路，虽有可能获得一时的发展，但由此造成的生态破坏、环境污染和资源耗费，必将严重影响国家经济的发展。

　　当前以供给侧结构性改革为主线，抓好"去产能、去库存、去杠杆、降成本、补短板"五大任务，更需要生态文明思想的指导。

　　生态文明思想建设应当坚持"四项基本原则"：实事求是，因地制宜；以人为本，服务人民；联系群众，关注基层；常抓不懈，尽职尽责。

　　"十三五"规划纲要制订的经济社会发展主要指标包含了经济发展、创新驱动、民生福祉、资源环境四大类。发展目标不仅仅关注经济增长，而且涵盖经济社会发展的方方面面，更注重生态文明建设。

中央提出"化解房地产库存过多，促进房地产有序发展；化解小而全经营模式，促进企业并购重组；化解土地财政，提高正常财税效益；化解环境污染，建设美丽中国；化解垄断经营，促进公平竞争；化解国际矛盾，促进合作双赢"。

　　我国经济逐步由单一经济竞争走向混合经济竞争，由低成本经济竞争走向高成本经济竞争，由需求供给竞争走向有效供给竞争，由制造业竞争走向创造业竞争，由低廉价格竞争走向高端价值竞争。

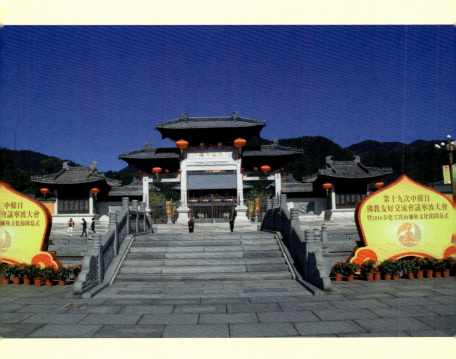

　　生态文明是一场涉及思想观念、产业升级、发展方式转变的革命，需要解放思想，调整产业结构，转变发展方式，形成资源节约型、环境友好型生产方式和消费模式。

　　环境是一种公共物品，具有很强的"外部性"特征。环境保护是市场机制自身难以进行的，需要政府制定法规强制社会、企业和个人对环境进行保护，利用经济手段诱导经济主体对污染进行治理。

建设生态文明，保护青山绿水，应走一条符合各地实际的经济发展最快、资源消耗最少、群众得到实惠最多的科学发展之路。

　　绿色经济是以保护和完善生态环境为前提，以珍惜并充分利用自然资源为主要内容，以社会、经济、环境协调发展为增长方式，以可持续发展为目的的经济形态。

对绿色经济内涵的理解：要将环境资源作为经济发展的内在要素；要把实现经济、社会和环境可持续发展作为绿色经济的发展目标；要把经济活动过程和结果的"绿色化"、生态化作为绿色经济发展的主要内容和途径。

　　绿色发展、循环发展、低碳发展是全球产业发展的必然趋势。目前，资源环境方面的国际合作与竞争深入发展，发展绿色低碳生态经济既是新的经济增长点，也是国际竞争的新焦点，还是提升国家绿色控制能力的重要手段。

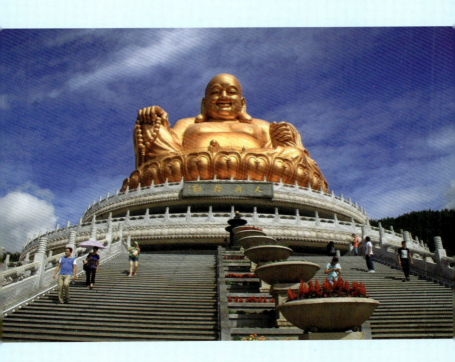

　　"两型社会"建设的核心就是促进经济转型，即从"高投入、高能耗、高污染、低产出"的模式向"低投入、低能耗、低污染、高产出"的模式转变。

　　发展绿色经济，绿色技术是支撑。绿色经济可能会引领新一轮的技术和产业革命，并积极利用应对金融危机的难得机遇，大力发展包括新能源、新型汽车等领域的绿色技术，从而确保国家技术竞争力处于领先地位。

发展绿色经济，必须建立可持续生产体系与可持续消费体系，两者不可偏废。

　　要以环境标志产品认证为重要平台和抓手，以政府绿色采购为重要的切入点和推动力量，引导公众自觉选择资源节约型、环境友好型、低碳排放型消费模式。

　　绿色经济是对传统经济发展模式的变革，这种变革需要借助经济发展的内在动力，即市场机制。发展绿色经济需要社会重新构建一种新的制度框架，其核心是要将生态环境作为生产要素纳入市场运行机制之中。

　　在生态系统中，经济活动超过资源承载能力的循环是恶性循环，会造成生态系统退化。只有在资源承载能力之内的良性循环，才能使生态系统平衡地发展。

　　生态文明建设要运用"资本、股权、互联网、平台、整合"的新思维。充分理解和运用"货币，货币资源化；资源，资源产业化；产业，产业资本化；资本，资本证券化；证券，证券货币化"这些概念。

第二部分

奉化位于浙江省东部，地处宁波南郊、象山港畔，地貌特征为"六山一水三分田"，东部沿海，中部平原，西部山地。奉化在秦汉时属鄞县，晋至隋先后属句章县、鄮县。唐开元二十六年（738）析鄮县置奉化县。县名由来，有三种说法。一说唐代明州的郡颇为奉化郡，以此县名；一说，以"民皆乐于奉承土化"而得名；一说，来源于县东奉化山。1988年撤县设市。2016年，设立宁波市奉化区。主要景点有蒋氏故居、雪窦山、杜鹃谷、千丈岩、南渡广济桥等。

　　当前面临的严重资源、能源短缺与环境污染是中国提出发展循环经济的基本背景，通过发展循环经济，减少资源、能源投入，提高资源、能源的利用率，从而减轻对环境的污染，实现经济与环境的双赢。

　　循环经济观要求走出传统工业经济"拼命生产、拼命消费"的误区，提倡物质的适度消费、层次消费，在消费的同时考虑到废弃物的资源化，树立循环生产和消费的观念。

　　发展循环经济是提高经济效益的重要手段。从企业来看，推进资源节约和循环使用，减少了能源消耗，降低企业的生产成本，增强企业对外竞争力，提高企业经济效益；从全社会来看，资源的综合利用和回收利用，培育了新的经济增长点，形成了循环利用的新产业，产生了新的经济效益。

发展循环经济不是目的，而是节约资源、保护环境、实现可持续发展的手段。推进循环经济需要有效率的政策和科学的管理，真实而充分的信息是提高管理水平，制定正确政策的基础。

低碳经济是以低能耗、低污染、低排放为基础的经济模式，是人类社会继农业文明、工业文明之后的又一次重大进步。

　　在全球气候变化的大背景下，发展低碳经济逐渐成为各级部门决策者的共识。节能减排，促进低碳经济发展，既是救治全球气候变暖的关键性方案，也是践行科学发展观的重要手段。

　　以洁净的自然能源（如光能、风能、水能、生物质能）技术替代化石能源技术，以低污染的化石能源（如天然气、石油）技术替代高污染的化石能源（如煤炭）技术，以加工形态的煤炭能源（如发电、洁净煤）技术替代初级形态的煤炭能源技术。从某种意义上讲，清洁化能源技术是所有国家的奋斗目标。

　　科技要满足生态文明建设的需要，必须积极促进科技成果转化，重点解决国家能源问题，大力发展低碳技术、减排技术、污染处理技术、生态修复技术等关键技术，最终实现生态化生产。

　　随着经济全球化深入发展，降低能耗和减排温室气体成为国际社会面临的严峻挑战，以低能耗、低污染为基础的"低碳经济"成为国际热点，成为继工业革命、信息革命之后又一波可能对全球经济产生重大影响的新趋势。

应对气候变化所推动的低碳技术与产业的兴起与发展，将成为未来工商企业发展的大课题，富有远见的企业应当前瞻性地认识这一全球趋势带来的重大变革与机遇，创造性地为未来市场做好低碳技术、产品及服务方面的准备，成为低碳经济时代的赢家。

　　按照"自主创新、重点跨越、支撑发展、引领未来"
的科技发展方针，把自主创新作为新能源发展战略的基
点和中心环节，以科技进步带动新能源产业的规模化和
产业化，抢占发展制高点，避免将来出现受制于人的被
动局面。

　　中国新能源发展的三个支撑要素分别是政策、市场和技术，要实现新能源产业的健康发展，政府推动、市场拉动和科技撬动三者缺一不可。

中国能源发展战略是"节约为先、立足国内、多元发展、依靠科技、保护环境、加强国际互利合作",其中"多元发展"的最重要体现就是新能源的发展。

企业履行环境责任的态度大致可分为三个层次：第一个层次是遵守环境保护法规，履行环境保护义务，这是责任底线；第二个层次是自觉保护环境、注重节约资源；第三个层次是发展环保经济，实施清洁生产，预防污染，保护生态，通过主动履行环境责任来优化企业形象，赢得发展机遇。

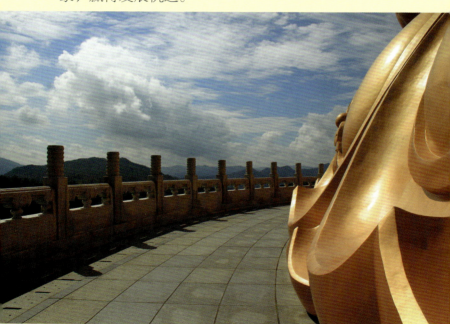

　　企业必须跳出把利润作为唯一目标的传统理念，转而关心、回报社会，保护生态环境，强调自己对消费者、对环境、对社会的责任，提高企业建设生态文明能力，拓展建设生态文明的领域，遵守企业伦理和商业道德，体现自己的文化取向和价值观念，使企业得以保持生命力，实现可持续发展。

　　工业文明是以损害自然为代价的文明，是以损害自然价值来创造和实现文化价值，导致自然界的严重透支，出现严重的生态危机。

　　生态危机的现实表明人类的不合理活动正在使生态环境日趋恶化，同时也把人类自身置于危险的生存困境之中。

　　在生态文明时代，绿色财富观作为一种新的财富观，决不仅仅是生态主义或理想主义的一种表现方式，它是21世纪人类理性而必然的选择。

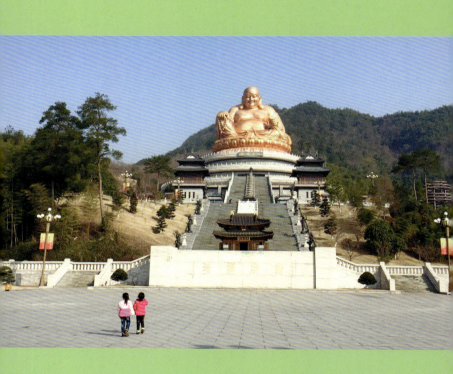

　　在国际社会，绿色财富观正在兴起并深刻影响和改变着人们传统的财富观、价值观、生存方式以及经济发展模式。

　　树立绿色财富观，是生态文明时代的新课题，是实施可持续发展战略的必然选择，是建设节约型社会、环境友好型社会的客观要求，是突破代际局限，既有利于当代人，又惠及子孙万代的战略性策略。

　　生态文明建设需要人人参与，它是每一个人肩上沉甸甸的责任。要在全社会形成了解国情、爱护环境、保护生态、节约资源、造福后代的共识，充分调动大家的积极性，树立正确的生态文明观。

全面规划，合理布局，综合利用，化害为利，依靠群众，大家动手，保护环境，造福人民。

没有健康，人生无从谈起。没有生态文明，没有青山绿水，没有灿烂阳光，美丽中国无从谈起。

　　中国因生态文明而越来越美丽，绿色发展是美丽中国的核心，我们必须坚持走健康的发展之路。

第三部分

滕头村景区

滕头村嵌在奉化与溪口之间的滕头生态旅游区，紧倚江拔、甬临公路，地处萧江平原，剡溪江畔。位于奉化城北6公里，离宁波27公里，至机场15公里，距溪口12公里。它以"生态农业"、"立体农业"、"碧水、蓝天"绿化工程，形成生态旅游区。

南渡广济桥

位于江口街道东20里的南渡村，始建于宋，元至元中重建，明清虽几度重修，但桥墩仍系元代建筑物。桥为四孔廊屋式桥，木石结构，通长51.68米，宽6.6米，桥墩每缝用石柱6根。上建筑廊屋22楹，中间跨空五架梁，宽3.3米，两廊各宽1.8米。造型轻巧，远望如飞虹临水，引桥两旁有小屋12间，内有建桥碑记、禁物碑、舍茶碑等5块石碑。1986年重修。

奉港舞龙

奉港高级中学是一所积极开展民族竞技舞龙运动的学校，自2002年9月成立校舞龙队。2003年8月参加浙江省"体饮杯"舞龙赛，就一举夺得亚军，2004年获省第五届农运会冠军、全国第五届农运会自选套路编排第二名等。2004年3月，该校舞龙队与全球生态500佳滕头村联合组建了奉港中学·滕头村舞龙队。2006年6月，学校被评为宁波市首批非物质文化遗产青少年传承基地。2007年5月，舞龙队在舟山市岱山县举行的省舞龙大赛上，囊括了规定套路、自选套路和团体总分三项冠军。

　　不同的时代，人们的财富观有所不同。工业文明时代，在"人类中心主义"指引下，财富观表现出对生态环境破坏性、浪费性的特征。生态文明时代，在生态伦理观和可持续发展观的指引下，财富观理应呈现出生态性、和谐性、安全性、节约性和可持续性，简称绿色财富观。

我们不得不反思工业社会的发展观、财富观、价值观和自然观。我们越来越深刻地认识到，善待生态环境就是保护人类自己，拥有良好的生态环境，就是拥有无限的财富。

在开放的市场背景下，消费者越来越重视企业的公信力和社会环境的责任感。企业更好地履行环境责任，可以改善企业的形象，提高企业的声誉，增进社会对企业的信任，并因此获取实实在在的经济利益。

　　中国是一个人口密度较大、人均资源紧缺的国家，也是一个自然环境受工业污染较严重的国家。切实保护环境，企业与人、企业与环境的和谐关系对于实现经济社会可持续发展显得十分重要。

　　企业应该把保护环境作为自己的责任和使命，并付诸行动，不断优化经济增长方式，不断提高自主创新能力，努力做到清洁生产、节约生产、安全生产、健康生产，全面推动人与环境的和谐发展。

　　只有走科技含量高、经济效益好、资源消耗低、环境污染少、人力资源优势得到充分发挥的新型工业化发展道路，才能获得企业发展速度、效益和后劲同步增长。

　　全社会都应大力倡导厉行节约，包括节约每一滴水、每一度电、每一张纸、每一寸土地，每一个公民都要具备这种节约意识。

　　积土成山、积水成渊，每个人的举手之劳，联合起来就可以成就一番大事业。如果每个人在生态文明建设的道路上迈出一小步，那么整个社会就会前进一大步。

　　在保护环境的问题上，每一个参与主体都要树立环保意识，要有社会责任感，要讲道德。一个人不讲道德，就会做出损人利己的事；一个企业不讲道德，就会危害社会；一个社会不讲道德，就毫无希望可言。

　　有些企业，为了经济效益，不讲道德，甚至以破坏环境为代价，以牺牲他人的利益、危及无辜者的健康来换取自己的利益。企业的环境责任不仅是法律规定的强制性的义务，也是一种道德。企业要树立环保意识，杜绝污染环境行为。

　　全社会人人参与是生态文明建设的重要环节。政府要集中民智，凝聚民力，体现民意，让群众以主人翁的姿态参与到生态文明建设中来。

　　全社会参与生态文明建设还更需要一系列具体的、可操作的机制作保障。要综合运用行政、舆论宣传、经济激励等手段，继续探索并逐步完善公众参与的新机制，真正确保公众广泛参与。

　　对于中国这样一个处于工业化和城市化不断加快、基础建设日新月异、人均资源占有量不足、环境恶化趋势未得到根本性扭转的发展中国家来说，大力发展循环经济，建立资源节约型和环境友好型社会，是一项全局性、紧迫性、长期性的战略任务。

　　推行循环经济，就是给老百姓送去最大的健康。食品、药品、住房、生态环境建设等方面，都与健康产业密切相关，与人人有关，市场需求无限，商机无限。

　　有一种说法，农业文明是黄色文明，工业文明是黑色文明，以低碳经济和循环经济为代表的生态文明是绿色文明。2008 年全球经济大幅衰退，但低碳行业的收入大幅增长了 75%。低碳行业正成为全球经济新的支柱之一。

　　创意经济在各个领域都有着广泛的运用，如创意工业、创意农业、创意商业、创意建筑业、创意旅游等。有些地方还用突破陈规的新创意来解决经济发展方式粗放问题、资源环境问题、节能减排问题、交通拥堵问题、市场风险问题、金融危机问题等。

33

现在世界各国都投入巨资，大力研究和发展太阳能、风能、水能、生物质能、地热能、潮汐能等可再生能源和新能源产业。

　　环境产业应该包含四个方面，一是面向末端污染控制的产业，二是面向洁净生产技术的产业，三是面向绿色洁净产品的产业，四是面向生态环境功能服务的产业。

　　低碳生活是一种生活态度，也是一种文明风度。我们应该积极提倡并去实践低碳生活，要从日常生活中的节电、节气、节水、节煤做起，积少成多，个人有利，国家受益。

环境治理表现为"四个转变"：在治理思路上，从末端治理为主向源头治理为主转变；在治理建设上，从单一工程项目向流域综合治理转变；在治理目标上，从遏制水质恶化向重建生态系统转变；在治理方法上，从重视工程建设向建设管理并重转变。

经济社会发展，既要考虑人类生存与繁衍的需要，又必须顾及生态、资源、环境的承载力，以实现人与自然和谐，发展与环境同步、双赢。

第四部分

溪口镇地处奉化江支流剡溪之口，故名。系千余年历史的山乡古镇，面积1.2平方公里。东枕武山，西挹龟山，北倚白岩山，南向笔架山。清时，文人汇为"溪口十景"，即：奎阁凌霄（文昌阁）、武潴浪暖（武岭头剡水聚汇潴积处）、碧潭观鱼（憩水桥下）、屏山雪霁（武山雪景）、锦溪秋月（剡溪自沙堤至丈沙段称锦溪，秋月映溪）、松林晓日、雪峰晚照（雪窦山晚景）、溪船夜棹（月夜泛舟）、南园早梅（溪南成片梅园）、平沙芳草（溪南）。公路通鄞州、新昌、奉化、余姚。主要景点有武山庙、武岭门、文昌阁、武岭学校、蒋氏故宅丰镐房、小洋房、玉泰盐铺、摩诃殿、毛氏墓、武岭公园和蒋母墓道等。

　　我们正在经历生态文明替代工业文明的伟大历史进程，要做到"五个决不能"：决不能污染大气环境，决不能破坏生态平衡，决不能影响生命健康，决不能阻碍可持续发展，决不能抹黑国家形象。

　　全社会应牢固树立绿色价值意识、绿色忧患意识、绿色消费意识、绿色责任意识，确保绿色文化理念进入教材、进入课堂、进入舞台、进入媒体、进入人们的头脑！

　　发展绿色经济应采取的措施：一是靠绿色文化的引领，二是靠绿色产业的推动，三是靠绿色标准的约束，四是靠绿色政策的激励，五是靠绿色科技的支撑，六是靠绿色法规的保障，七是靠绿色经济的合作。

　　目前世界面临政治、金融、气候和资源四大危机，影响可持续发展的因素可以概括为"六大制约"：一是生态环境制约，二是能源资源制约，三是科学技术制约，四是人力资源制约，五是社会保障制约，六是国际环境制约。

　　节能减排，从小抓起，从我做起。要充分发挥低碳经济社团的作用，为各种社会力量参与低碳活动搭建平台。

　　低碳经济发展的根本出路在于科学技术。第一是让老百姓用得起，太昂贵了不行；第二是让老百姓用得好，老出毛病不行；第三是让老百姓用得会，太复杂了不行。

　　不断恶化的生态环境给人类敲响了警钟。加强宣传和引导，提升全社会的低碳意识，形成对低碳经济的文化支撑已成为必然选择。

　　低碳经济是以低能耗、低排放、低污染为特征的经济模式，是人类社会继农业文明、工业文明之后的又一次重大进步。

　　全球化时代，各国在生态建设和环境保护问题上有着共同的利益，这就为国际合作提供了坚实的基础。和平、发展、合作成为时代发展的必然要求。

当代中国的生态环境问题已经不是一个局部性、暂时性问题，而是一个整体性、全局性和长期性问题。跨区域交流与合作是大势所趋。区域协作有利于资源整合、优势互补，有利于实现集约发展、协调发展。

　　环境问题不是单纯的技术问题，不能单纯依靠技术来解决。环境保护所涉及的不仅仅是人与自然关系的调整，还包括当代人之间以及当代人与后代人之间关系的调整。只有同时调整好这三种关系，环境问题才能从根本上得到解决。

　　生态公民不是只知向他人和国家要求权利的消极公民，而是主动承担并履行相关义务的积极公民。生态公民还是具有良好美德的公民。

中国进行生态文化建设，除了要发掘国内潜力之外，还应该积极实施"走出去"战略，充分开发、利用一切国际资源。

　　以更加开放的姿态广泛开展国际交流与合作，不断吸收、借鉴先进的生态文明成果，取长补短，从而获得生态文化持续发展的动力。在交流与对话的过程中，尊重各国生态文化特点，坚持建设有中国特色的生态文化。

生态文化是人与自然协同发展的文化，包括持续农业、持续林业和一切不以牺牲环境为代价的生态产业、生态工程、绿色企业以及有绿色象征意义的生态意识、生态哲学、环境美学、生态艺术、生态旅游及绿色生态运动、生态伦理学、生态教育等诸多方面。人口、资源环境的可持续发展是生态文化建设的核心。

　　推动生态环境信息公开，切实保障公众的环境知情权、监督权，积极探索公众参与环境保护的有效机制，引导公众依法、理性、有序参与生态环境建设。

公开企业环境信息，就是要通过舆论力量去规范公司的环境行为，加强公众对企业的监督。随着社会环境意识的增强，企业一定会感受到来自公众、民间环保组织越来越大的压力。

　　提倡科学的消费观念：一是倡导适度消费，崇尚节俭生活；二是积极参与"绿色消费"。简朴生活、低碳生活是可持续发展的生活方式。这种生活方式，是生态文明建设的需要，是新的生活潮流。

　　当前，思想道德教育必须补充生态道德教育的课程，教育科学文化建设必须更加重视生态教育科学文化体系的建立和全民生态教育的培育。

生态问题不是政治问题，不是经济问题，也不是军事问题，而是关乎人类的生存问题，是最大的问题。

　　低碳经济的实质是高效利用能源、开发清洁能源、追求绿色 GDP，核心是能源技术和减排技术创新、产业结构和制度创新以及人类生存发展观念的根本性转变。

生态文明是人类对工业文明造成生态危机，从而危及人类生存的深刻反思的结果。加快生态文明建设是社会历史发展的必然趋势。

　　从绿色经济的内容和作用方式看，它不仅要对传统产业部门实施"绿色化"改造，减少资源消耗和污染排放，同时还要加快建立更为清洁的、新的产业部门和经济增长点，以及开发更为清洁的技术和产品。

　　企业应把以经济效益为中心的企业发展机制转变为将经济效益、社会效益、生态效益协调统一的发展机制；把"先污染后治理"的末端治理模式转变为绿色设计、绿色采购、绿色生产、绿色科技、清洁生产、零排放、循环经济的新模式；把单一的技术层面的污染防治转变为战略层面的以绿色发展为核心竞争力的发展模式。

第五部分

奉化芋艿头

个头大、皮薄、光滑，味鲜美，易烧酥。富含淀粉，香糯可口，可当主食，又可当点心，也可做"排骨芋艿煲"，鸭子烧芋艿也是一道美味的名菜。主产区在奉化市的大桥、舒家、何家、慈林、溪口、萧王庙一带，尤以萧王庙所产的最好。种植面积约 670 公顷，年产量约 2 万吨，速冻芋艿还销往港澳台地区和出口日本。

奉化水蜜桃

于 7 月下旬至 8 月上旬成熟，单果平均重 125 克。果实呈圆形或卵圆形，果顶稍尖，两半中间缝线浅而明显，味甜而芳香，可溶性固形物 13%—15%，粘核。其营养成分：每 100 克果肉中含糖 7—15 克（玉露桃在 12 克以上），有机酸 0.2—0.9 克，蛋白质 0.4—0.8 克，脂肪 0.1—0.5 克，维生素 C_3 5 毫克，维生素 B_1 0.01—0.02 毫克，类胡萝卜素 1.18 克。1984 年农业出版社出版的《落叶果树分类学》一书，称奉化水蜜桃是"我国水蜜桃中最有名的品种"。1990 年 6 月 27 日被定为"市果"。每年 8 月 2 日为"奉化水蜜桃节"。1996 年，奉化市被国务院发展研究中心农村发展研究部等部门联合命名为"中国水蜜桃之乡"。

尚田草莓

奉化 1936 年开始生产草莓。1983 年后，县林果场白杜蒋家池头、尚田王董村等先后推广。1992 年从省农科院引进优质高产的大棚草莓品种"丰香"，开始大棚栽培。草莓作为尚田镇的一项新兴农业特色产业，得到尚田镇政府重视。

奉化特产还有溪口白果、大堰高山西瓜、奉蚶、千层饼等。

　　当人们开始尝到破坏生态环境所带来的恶果时，绿色经济的概念便已产生，但没有得到重视。直到全球开始大规模遭遇能源、粮食、金融等多重危机，这一概念才得以重新倡导，并很快成为一种全球趋势。

　　中国的环境保护到了极其严峻的时刻。如果现在不采取非常坚决的措施，若干年后将面临规模、频度、严重性都史无前例的环境灾难，这会严重地影响我国经济发展和改革开放的成果。

大力推进生态文明建设，提高生态文明水平，建设美丽中国，不能孤立地看待生态文明建设，必须以整体观、系统观的方法论，全方位推进美丽中国建设。

　　生态文化是一种站在时代前列，符合历史发展潮流、符合客观真理的文化。它反映了人类对客观世界的真理性认识，反映了自然界和人类社会的发展规律和发展趋势。同时昭示了一种科学的实践理性，即人类要有限度地生存。

　　人类将告别传统文化，走向一个新的文化时代——生态文化时代。新文化是"人与自然和谐发展的文化"，包含三个层次：生态文化的制度层次、生态文化的物质层次和生态文化的精神层次。

　　生态文化的崛起表明人类正在经历一次历史性的变迁，在这种文化的引导下，人类将告别过去，走向一个新型的文明。

　　生态文化是生态文明建设的重要组成部分，是引导社会公众参与生态文明建设的基本途径，是促进人与自然和谐的有效手段。通过强有力的生态文化宣传工作，在全社会树立起生态价值观、生态道德观、生态政绩观和生态消费观。

如果人人都热爱大自然，追求人与自然和谐相处，构建社会主义和谐社会就有了坚实的基础。

　　生态文化是人与自然协同发展的文化。生态文化包括持续农业、持续林业和一切不以牺牲环境为代价的生态产业、生态工程、绿色企业以及有绿色象征意义的生态意识、生态哲学、环境美学、生态艺术、生态旅游及绿色生态运动、生态伦理学、生态教育等诸多方面。而人口、资源环境的可持续发展是生态文化建设的核心。

　　中国作为一个地域辽阔、历史悠久的多民族国家，其独特的自然环境和历史进程孕育了各民族不同的生态文化。

　　实践证明，绿色企业、绿色产品深受欢迎，积极承担社会责任能提升企业的核心竞争力。可以说，只有具备创新能力和生态环保理念，将商业模式、技术创新模式与绿色管理机制有机融合的企业，才是 21 世纪标志性企业。

浙江宁波奉化
生态美丽家园

　　"人不敌天→天人合一→人定胜天→新境界的天人合一"思想所映射的"史前文明→农业文明→工业文明→生态文明"的发展历程，展现了环境制度的出现、变迁总是依存并作用于一定经济社会发展阶段的图景。

21 世纪以来的后工业化时代，以全球变暖为集中表现的世界性环境危机，引发了关于企业社会责任的国际化浪潮，并转化为以构建生态文明社会为目标的普遍共识和绿色实践。

　　建立健全科学、先进、全方位、高效的企业环境保护战略及其管理机制，创建资源节约型、环境友好型企业，让人民群众在生态优良、山清水秀、环境优美的社会之中生活和工作。不仅物质生产生态化，而且生活方式、社会制度也呈现生态化。

生态教育具有全面性、全民性、整体性、持续性和实践性等特征。生态教育是一项系统工程，必须建立完善的生态教育体系，才能将生态教育向前推进。

农业经济时代是"加数效应"，工业经济时代是"倍数效应"，生态与知识经济时代是"指数效应"。

在创建生态文明的过程中，现代公民要具备公民理论所倡导的守法、宽容、正直、相互尊重、独立、勇敢、正义、关怀、同情、团结、忠诚、节俭、自省等美德。

　　建立广泛的社会参与体系，动员社会各界积极投入到生态文明建设中来，在全社会形成关心、支持、参与生态文明建设的良好氛围，使全社会广泛参与成为实践生态文明的自觉行动。

　　生态文明的有机自然世界观凸显了自然的内在价值，强调自然是文明的基础；生态文明的伦理体系凸显了关怀、责任与和谐价值。

　　生态公民是具有良好美德和责任意识的公民，不是只知向他人和国家要求权利的消极公民，而是主动承担并履行相关义务的积极公民。

　　生态文明要求人类从极端的财富角逐中解脱出来，
转向理性和精神创造的追求，过上一种建立在人与自然
和谐相处基础上的新生活。

图书在版编目（CIP）数据

浙江宁波奉化 生态美丽家园 / 张文台著. —杭州：
浙江人民出版社,2017.4
ISBN 978-7-213-07911-5

Ⅰ.①浙… Ⅱ.①张… Ⅲ.①生态文明—建设—奉
化 Ⅳ.①X321.255.4

中国版本图书馆 CIP 数据核字（2017）第 034989 号

浙江宁波奉化 生态美丽家园

作 者：张文台 著

出版发行：浙江人民出版社(杭州市体育场路 347 号 邮编 310006)
市场部电话：(0571)85061682 85176516

集团网址：浙江出版联合集团 http://www.zjcb.com

责任编辑：李 雯

责任校对：张谷年

封面设计：王 芸

电脑制版：杭州兴邦电子印务有限公司

印 刷：浙江新华印刷技术有限公司

开 本：787mm×1092mm 1/32 印 张：4

字 数：5 万 插 页：4

版 次：2017 年 4 月第 1 版 印 次：2017 年 4 月第 1 次印刷

书 号：ISBN 978-7-213-07911-5

定 价：37.00 元